FERME-ÉCOLE DE SAINT-ROBERT (Isère).

COMPTE RENDU

DES TRAVAUX DE 1851

PAR

M. BERTHOIN

PROPRIÉTAIRE-DIRECTEUR

GRENOBLE

IMPRIMERIE F. ALLIER PÈRE ET FILS, GRAND'RUE, COUR DE CHAULNES.

1851.

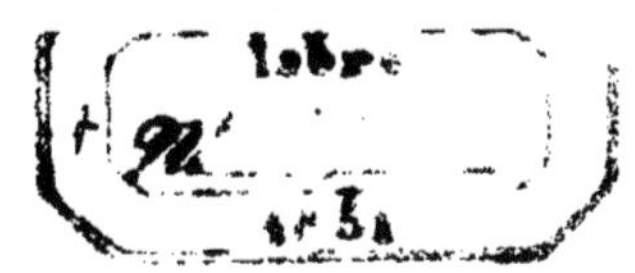

FERME-ÉCOLE DE SAINT-ROBERT (Isère).

COMPTE RENDU

DES TRAVAUX DE 1851

PAR

M. BERTHOIN

PROPRIÉTAIRE-DIRECTEUR.

Nous ne trouvons en France une véritable résistance à la dépravation que dans les croyances religieuses et dans le développement des travaux agricoles.

Revenir vers l'agriculture doit être l'idée fixe, l'idée française. Il ne s'agit pas d'une affaire de goût, mais bien du salut du pays engagé dans une voie dangereuse.

GRENOBLE

IMPRIMERIE F. ALLIER PÈRE ET FILS, GRAND'RUE, COUR DU CHALUNES.

1851.

FERME-ÉCOLE.

COMPTE RENDU DE 1851.

ÉTABLISSEMENT AGRICOLE

DE SAINT-ROBERT (Isère)

DIRIGÉ

Par M. BERTHOIN, propriétaire de l'établissement.

L'article 14 de l'arrêté constitutif des fermes-écoles est ainsi conçu :

Les directeurs publieront tous les ans un compte rendu de l'exploitation et de l'école, de leurs succès et de leurs revers.

Nous allons remplir ce devoir; mais avant de parler des travaux de 1851, il nous semble nécessaire de faire connaître très-succinctement la situation dans laquelle se trouvait l'exploitation de la ferme-école de Saint-Robert avant sa création.

Cet exposé sera une sorte d'inventaire à l'aide duquel on pourra suivre nos opérations et apprécier leurs divers résultats.

Nous n'entrerons pas dans de longs détails; nous tâcherons d'être clairs, nous serons surtout exacts.

Ce qui concerne la culture se divisera naturelle-
ment en quatre parties :

1° Les plantes;

2° Les machines;

3° Les engrais et amendements;

4° Le bétail.

Un coup-d'œil sur la ferme-école complétera ce
qui a rapport à l'agriculture.

Enfin, nous esquisserons le tableau de la ferme-
école et de sa culture pendant l'année qui est sur
le point de s'écouler; nous dirons très-peu de
chose sur nos travaux de 1850, d'abord, parce
que en agriculture les résultats sont lents, et que
cette année a été en partie consacrée aux nombreux travaux de constructions et d'organisation
de l'établissement.

Description des lieux.

La ferme-école de Saint-Robert est située dans
la commune de Saint-Égrève, à six kilomètres de
Grenoble, et limitée au midi, par le torrent de
Vence; au couchant, par l'Isère, et se trouve à un
kilomètre de la route nationale.

Ce domaine, dont la plus grande partie était en
friche lorsque nous l'avons acquis en 1845, a été
formé une partie par les alluvions de l'Isère, composées en grande partie de silices, et l'autre partie
par celles du torrent de Vence, composées de calcaires et argilo-calcaires. Quelques mûriers, quelques
vignes abandonnées à l'état sauvage, encombrées

de pierres et de broussailles, étaient les seules plantations qui existaient dans le domaine.

Nos observations ne devant être relatives qu'à ce qui a été fait à Saint-Robert, nous ne voulons nullement les généraliser; mais si nos expériences étaient répétées ailleurs dans des circonstances analogues aux nôtres, on en retirerait très-probablement quelque profit; car, nos essais n'ont souvent été entrepris qu'à l'exemple des agronomes qui nous ont précédés dans la voie du progrès. Aussi l'état actuel de la ferme-école prouve que nous avons en très-peu de temps créé et amélioré tout à la fois.

PREMIÈRE PARTIE.

EXPLOITATION RURALE DE ST-ROBERT.

CHAPITRE PREMIER.

Plantes.

SECTION Ire.

CHOIX ET AMÉLIORATION DES PLANTES.

Le choix des plantes qui peuvent entrer dans l'assolement d'une exploitation est nécessairement subordonné au climat, à la nature du sol et aux débouchés.

A Saint-Robert, nous avons à cet égard une grande latitude.

Le sol est généralement siliceux et argilo-calcaire. Sur quelques points, il présente des parties argileuses et des parties calcaires; dans la plus grande partie, le sous-sol est profondément perméable, ce qui nous permet de faire entrer dans nos rotations les plantes qui satisfont le mieux à l'exigence de nos besoins.

A différentes époques, nous avons fait entrer dans nos cultures un grand nombre de végétaux, sans même exclure les espèces qui, soit à cause de leur nouveauté, soit à cause des préjugés dont elles sont l'objet ou de l'infériorité apparente de leurs produits, étaient à peine connues dans le département de l'Isère.

Conséquemment, nous avons cultivé, à titre d'essai seulement :

Le Madia sativa;

La Gaude;

Le Melilot de Sibérie;

La Garance;

La Cardère;

La Spergule;

Le Topinambour;

Le Turneps;

Le Houblon;

La Patate;

Les Osiers de Bourgogne pour la vannerie;

Le Sorgho;

La Moutarde blanche, etc.

Et parmi les céréales :

Le Seigle commun ;

Le Seigle multicaule,

Les Blés de Lauzanne ;

Le Blé d'abondance ;

Le Blé de miracle ;

Le Blé de Sisteron ;

Le Blé Mont-Rosier ;

Le Blé de Bergue ;

Le Blé grec ;

Le géant de Sainte-Hélène ;

Le blé Dumesnil de Saint-Firmin, et une quantité d'autres espèces, orge et avoine. Bien que les deux premières variétés soient d'un bon rendement, nous y avons renoncé, parce qu'ils tombent très-facilement, et qu'à notre avis un blé couché doit être fauché, parce qu'il fait périr les fourrages artificiels qui ont été semés au printemps, qu'il ne donne que de la mauvaise paille et peu de grain.

Après nos nombreuses expériences, nous avons fixé notre choix sur trois variétés seulement, qui seront à l'avenir les seules que nous cultiverons, jusqu'à ce que de nouvelles expériences nous fassent trouver mieux. Ces trois variétés sont : le blé géant de Sainte-Hélène, le blé Dumesnil de Saint-Firmin et le blé grec.

Nous avons adopté en première ligne :

Le Chanvre ;	Le Colza ;
Le Blé d'hiver ;	La Luzerne ;
La Betterave ;	Le Trèfle commun ;
La Carotte ;	Le Maïs à grener.

En seconde ligne :

La Pomme de terre ;   Le Maïs à fourrage ;

La Patate ;   La Poisette   *id.*

Le Sainfoin ;   Le Seigle   *id.*

L'orge et le seigle disparaissent presque entièrement de nos cultures.

L'avoine ne vient guère qu'après les luzernes rompues.

CHANVRE.

Bien que la culture du chanvre soit très-coûteuse, elle sera toujours d'une grande importance pour notre vallée, parce qu'il purge parfaitement le sol, et qu'il assure la réussite des récoltes subséquentes. Nous n'employons que la graine de Carmaniole, et notre chanvre, qui n'a été semé que le 30 mai, a maintenant, en race, une hauteur de deux mètres soixante centimètres; nous sommes certains qu'il atteindra une hauteur de trois mètres.

AMÉLIORATION DES PLANTES.

Si l'on pense aux efforts soutenus, faits depuis quelques années par les horticulteurs de tous les pays, pour multiplier les espèces et variétés de plantes qui ornent aujourd'hui nos jardins, on peut s'étonner qu'un plus grand nombre de cultivateurs n'aient pas suivi cet élan, et soient restés, en ce qui les concerne, presque étrangers à des travaux de première importance, qui offrent une source féconde de richesses aux hommes persévérants. Il est vrai que les plantes destinées à l'agriculture proprement dite, ne se prêtent pas comme un grand nombre de plantes d'agrément à des transformations aussi variées; mais s'il est difficile pour les agriculteurs d'améliorer les plantes qu'ils cultivent, rien ne les empêche au moins d'essayer chez eux la culture des nombreuses variétés connues, et de choisir parmi ces dernières celles qui sont les plus avantageuses suivant le terrain qu'ils exploitent, le climat du pays qu'ils habitent et les besoins des contrées qui les entourent.

Un grand nombre d'agronomes de divers départements ont, depuis quelques années, fait des essais de ce genre, et leurs efforts sont loin d'avoir été infructueux tant sous le rapport du rendement que sous celui de la qualité, bien que les céréales appartiennent à une famille de plantes dont les caractères sont très-stables, et que l'on ne crée pas des variétés de blés comme des variétés de roses et de dalhias.

On cultive en Angleterre plusieurs variétés de blé, auxquels déjà beaucoup d'agronomes français ont donné la préférence. Personne n'ignore que tous les produits de nos voisins d'outre-mer sont supérieurs aux nôtres. Cela tient à ce que les Anglais sont beaucoup plus observateurs que nous, et comprennent mieux les avances que l'agriculteur doit faire au sol, spécial élément de production.

Ne serait-ce pas ici le cas d'émettre le vœu pour

que le département ou la société d'agriculture de Grenoble fit venir d'Angleterre quinze à vingt variétés de blés, qui seraient distribuées à des cultivateurs intelligents, qui les étudieraient? ou bien encore ne pourrait-on pas accorder une prime à ceux qui produiraient aux concours un certain nombre de blés nouveaux ?

Quant à nous, qui sommes fermement résolus à suivre la voie du progrès, nous n'avons pas hésité pour faire venir un hectolitre du blé de la colonie agricole Dumesnil de Saint-Firmin (Oise).

Cette céréale, si réputée à juste titre, a été comparée à vingt-six variétés de blés anglais, et a été reconnue supérieure, tant pour la quantité de grains obtenus sur une surface donnée que pour la quantité du grain destiné à la mouture.

Nous avons semé ce blé sur trois pièces, dans des conditions diverses : 1° après racines; 2° sur une vieille luzerne, qui avait déjà été épuisée par un maïs à fourrage; 3° sur un gazon de trèfle. Les résultats, sur chaque parcelle destinée à l'expérimentation, nous ont fourni un rendement moyen très-élevé.

Le *facies* de ce blé est très-caractéristique; la forme quadrangulaire de ses épis et la disposition de ses épillets serrés les uns contre les autres suffisent pour le faire reconnaître. La paille grosse et pleine l'expose moins à la verse. Nous avons remarqué que le semis de cette espèce doit se faire de très-bonne heure.

D'après les expériences faites par des hommes

sérieux et intelligents, il résulte que le blé Dumesnil donne un rendement qui surpasse de **20** pour cent les blés cultivés dans la majeure partie de la France.

Ces résultats peuvent se formuler ainsi :

Substituez aux variétés ordinaires de blé des variétés meilleures et vous augmenterez vos récoltes de **20** pour cent.

De pareils avantages sont de la plus haute importance et doivent fixer l'attention des économistes, surtout dans ce moment où la pomme de terre est frappée d'une affreuse maladie et où cette plante précieuse semble vouloir nous échapper.

AVOINE.

Pour l'avoine, nous sommes obligés de dire que jusqu'ici, malgré tous nos efforts, nous n'avons eu aucun résultat satisfaisant. Nos avoines donnent beaucoup de paille et peu de grain.

BLÉ DE MARS.

Le blé de Richelle, que nous avons fait venir de l'école régionale de Grignon (Seine-et-Oise), nous a donné un produit de **8** pour un.

ORGE.

Actuellement la culture de l'orge est à peu près nulle dans notre exploitation, aussi n'avons-nous pu continuer nos observations et nous fixer sur l'espèce qui convient le mieux à nos contrées.

RACINES ALIMENTAIRES.

Carotte.

La carotte que nous préférons jusqu'à présent est la blanche, dite à collet vert; ses rendements sont quelquefois prodigieux. En 1850, nous avons obtenu quarante-cinq mille kilogrammes par hectare. Cependant, nous n'avons pas voulu être trop absolus sur le choix des racines alimentaires, et c'est dans ce but que nous nous sommes réservés, en dehors de nos soles, un champ d'expérience consacré à l'étude de nouvelles plantes. Nous y avons ensemencé cette année : le lin, le sorgho, le panais, le navet turneps, ainsi que les sept variétés de carottes dont les noms suivent : le collet vert, la jaune longue, la demi-longue de Hollande, la blanche des Vosges, la rouge pâle de Flandre, la violette d'Angleterre, la rouge d'Astringham.

Betterave.

La betterave étant cultivée en grande partie pour la nourriture des animaux, nous avons dû rechercher uniquement les variétés qui sont les plus propres à recevoir cette destination. Jusqu'à présent, c'est la Disette, celle de Silésie et celle de Bassano, que nous cultivons simultanément. Néanmoins, nous en cultivons cette année sept variétés à notre champ d'expérience; ce sont : la jaune d'Allemagne, à chair blanche; la blanche plate de Vienne; celle de Bassano; la jaune ronde; la rouge de White, et la Globe.

Ce n'est qu'à la fin de l'année que nous pourrons nous rendre compte de leur valeur relative, ainsi que de celles des diverses variétés de carottes.

Colza.

Le colza présente plusieurs variétés qu'il est utile de connaître; déjà nous avons fait quelques choix, mais nos essais sont encore trop imparfaits et trop récents pour qu'on doive y attacher quelque importance. Néanmoins, nous pouvons dire que nos essais nous ont prouvé qu'il fallait le cultiver en lignes espacées de trente à trente-trois centimètres. L'expérience a prouvé qu'il rend plus en le semant qu'en le transplantant. L'on peut suppléer au semoir par une bouteille bouchée, percée d'un tuyau de plume, après avoir tracé ses lignes avec un rayonneur, et ensuite on recouvre avec la herse renversée. Nous donnons un binage au printemps, et nous semons dès les premiers jours d'août, soit en place, soit pour transplanter, ensuite, jusqu'à la fin d'octobre; cette culture mérite d'être propagée dans nos contrées.

Pommes de terre.

Les semis nous ont procuré quelques variétés qui n'avaient rien de bien saillant et que nous avons abandonnées.

Nous nous sommes occupés de semis non-seulement pour obtenir de nouvelles variétés, mais encore dans l'espérance de régénérer cette plante, qui depuis quelques années est atteinte d'une maladie qui a déjà fait beaucoup de ravage ; mais, comme ceux de tant d'autres cultivateurs, nos efforts ont été stériles.

Ni les semis, ni la précaution de couper les tiges aussitôt qu'elles paraissent atteintes du mal, ni les soins de les saupoudrer avec de la chaux, ni la plantation avant l'hiver ne nous ont fourni un remède préservatif de la maladie. Mais quand les tubercules sont atteints légèrement, au moment de leur maturité, même lorsqu'ils sont déjà gâtés, pourvu qu'ils n'aient pas encore commencé à se ramollir, à se putréfier, nous avons trouvé le moyen d'entraver la marche du mal, en déposant les tubercules dans un lieu sec et aéré, et même dans des silos en couches minces, séparées par des lits alternés de sable sec. Cette méthode est aussi celle que nous employons pour la conservation parfaite des patates.

Il nous est, du reste, arrivé dans le cours de nos expériences d'obtenir des resultats très-bizarres. Ainsi, des pommes de terre semées malades nous ont donné des tubercules sains, et à côté, des pommes de terre semées saines nous ont donné des tubercules malades.

Dans l'espoir d'échapper à la maladie, nous avons fait venir de Paris, l'année dernière, les variétés suivantes :

La pomme de terre jaune hâtive d'Hollande;

La vitelotte hâtive;

Kidney ou Marjolain la plus hâtive;

La charve;

La Ségonzac ou de la Saint-Jean;

La rouge de Hollande;

La patraque jaune hâtive;

La grosse patraque,

Et la Constance Peyrot.

Toutes, excepté cette dernière, ont été atteintes de la maladie; plus de la moitié étaient gâtées. Des résultats aussi inattendus et aussi contradictoires semblent prouver que cette maladie prend sa source dans les variations atmosphériques et dans les transitions de température; qu'elle naît sous l'influence de causes que nous ne pouvons atteindre ni même combattre.

Il est probable que cette altération aura, comme toutes les maladies de ce genre qui attaquent les végétaux et les animaux, sa période d'intensité et de faiblesse, et qu'un jour elle s'éteindra pour ne plus revenir.

Ce qui est certain pour nous, c'est que depuis le commencement de ce fléau, celles mêmes qui n'en sont pas atteintes, ne produisent que la moitié de ce qu'elles produisaient avant son apparition.

Il y a également un fait acquis : c'est qu'il ne faut cultiver que des précoces, les semer de bonne heure, les arracher de même, et se résigner à une récolte très-médiocre.

CULTURES INTERCALÉES.

Le colza, semé en juillet dans des pommes de terre après le buttage, nous a donné des résultats satisfaisants.

La betterave et le maïs ont produit le même résultat; les haricots et le maïs quarantin nous ont parfaitement réussi.

De la patate et de sa culture.

Ce tubercule, que nous avons introduit et acclimaté dans notre département, est appelé à rendre de grands services, vu la dégénérescence de la pomme de terre. Cet aliment contenant beaucoup de partie sucrée est d'une digestion facile; il produit dans le même contenu plus pesant de tubercule que la pomme de terre; la feuille se mange comme l'épinard, et la pointe des pousses, cuite, se mange en salade comme l'asperge. Indépendamment du produit des tubercules, la fane de la patate fournit une coupe de fourrage vert, très-abondante, dont les animaux sont très-friands. Il faut dix fois moins de semence que pour la pomme de terre. Dès les premiers jours de mars, nous mettons les tubercules en végétation sur une couche de fumier chaud, recouvert de dix centimètres de terre, et en mai et juin nous détachons ses pousses avec un morceau du tubercule que nous plantons en lignes distancées de quatre-vingts centimètres et à trente-cinq centimètres sur la ligne. Le point important c'est de planter par un beau jour. Nous donnons, huit ou dix jours après, un léger binage, et un demi-battage un mois plus tard. Nous arrachons en octobre, toujours en temps sec, après avoir fait manger la fane à notre bétail; nous faisons ressuyer les tubercules sur le sol toute la journée; nous transportons le soir avec précaution les patates dans un local sain et aéré pour finir de les ressuyer pendant quelques jours, et nous stratifions ensuite dans du sable sec, tenu en lieu chaud et sain; par ce procédé facile, nous en perdons très-rarement. Il faut fumer avant l'hiver et la cultiver de préférence dans un terrain léger. L'arrachement doit en être fait avec précaution, parce qu'une patate cicatrisée avec le trident ou la bêche n'est plus conservable.

SECTION II.

ASSOLEMENT.

Après avoir essayé la plupart des assolements qui ont été indiqués comme les meilleurs, nous avons en dernier lieu adopté comme principal assolement la rotation suivante, qui probablement justifiera nos espérances.

1re année : *Racines.*

2e année : *Céréales.*

Le retour biennal des racines et des céréales sur le même terrain sans interruption est un assolement aussi simple que fécond; il est d'ailleurs très-rationnel. Quelle que soit, en effet, la théorie que l'on adopte pour expliquer les effets des assolements, il est incontestable que les racines réussissent bien après les céréales et réciproquement les céréales après les racines.

La nature des éléments divers que ces deux ordres de plantes puisent dans les engrais, et la différence de profondeur à laquelle s'enfoncent leurs racines, peuvent très-bien expliquer les avantages de cet assolement alterne.

Une autre cause vient encore concourir à ce succès : les plantes ont parmi les êtres vivants des ennemis nombreux; mais les mêmes animaux ne se nourrissent pas des mêmes plantes. Plusieurs insectes attaquent les racines et respectent les céréales.

Nous avons observé sur les betteraves un petit coléoptère qui ronge les premières feuilles de cette plante quand elle commence à lever et qui détruit, en quelques jours, des champs entiers de betteraves.

Tout le monde connaît aussi les ravages occasionnés quelquefois dans les blés par la larve de divers insectes.

Si l'on sème plusieurs années des betteraves dans la même terre, les petits coléoptères dont nous venons de parler, ayant l'habitude de déposer leur œufs dans l'endroit où ils trouvent leur nourriture, pullulent d'année en année et finissent par compromettre le succès des récoltes. Au contraire, si après les betteraves on sème du blé, ces insectes ne trouvent pas dans cette céréale des conditions nécessaires à leur existence et ils ne peuvent s'y reproduire. Les betteraves qui viendront l'année suivante, après le blé, n'auront donc plus à souffrir des attaques de ces dangereux ennemis. Les mêmes observations peuvent s'appliquer aux insectes qui ravagent le blé.

Outre les avantages qui s'expliquent par des considérations relatives aux engrais et au mode de végétation des différentes espèces de plantes, on voit que la rotation biennale des racines et des céréales fournit un moyen efficace pour la destruction des insectes.

Parmi les racines qui entrent dans notre assolement, la betterave et la carotte jouent le rôle le plus important. La pomme de terre n'occupe pas un grand espace, parce que sa maladie nous fait éprouver tous les ans de graves mécomptes, et cette année surtout.

CHANVRE.

Bien que le chanvre, à la ferme-école, soit de bonne qualité et y vienne d'une hauteur prodigieuse, il n'occupe en surface qu'à peine la moitié des racines, parce que nous trouvons son produit inférieur à celui de ces dernières.

Nous cultivons le chanvre sur un assolement de quatre ans et tous les blés qui succèdent au chanvre reçoivent nos trèfles.

Parmi les céréales, c'est le blé d'hiver en général que nous cultivons, parce qu'il est plus productif que le blé de mars, que nous ne semons qu'en très-petite quantité.

Les assolements dont nous venons de parler, malgré leurs avantages, ne sont pas les seuls usités à la ferme-école de Saint-Robert. Afin d'avoir au printemps, et de bonne heure, du fourrage vert pour donner à notre bétail, nous avons dans une partie de notre exploitation adopté la rotation suivante :

1re année : *Seigle, maïs à fourrage et poisette.*
2e année : *Céréales.*

Nous conservons aussi quelques hectares, soit pour y mettre de la luzerne, soit afin d'y cultiver du colza et du maïs à grener qui préparent parfaitement la terre pour recevoir une céréale.

Bien que notre assolement biennal nous ait parfaitement réussi, il est trop récent pour que nous puissions le recommander d'une manière absolue. Le succès des premières épreuves a besoin d'être sanctionné par une plus longue espérience ; aussi, malgré les progrès déjà obtenus, malgré notre confiance dans les données de l'avenir, nous ne voulons, quant à présent, signaler les avantages de cet assolement que comme un fait acquis par la pratique.

JACHÈRE.

Nous n'avons pas la prétention de traiter la grande et difficile question de la jachère ; nous ne voulons que hasarder quelques mots sur ce point. Les avis, nous le savons, sont fort partagés par les agriculteurs.

Des praticiens fort habiles soutiennent que la jachère leur donne de plus beaux produits qu'aucun autre mode de culture. Rien n'est plus concluant que des faits et nous nous inclinons toujours devant l'autorité des chiffres. Mais il nous semble que la jachère, quand elle est utile, est presque toujours la conséquence d'une culture dans l'enfance et qu'on doit, par tous les moyens, combattre cette nécessité.

Pour nous, nous sommes les ennemis déclarés de la jachère, nous la poursuivons de toutes nos forces, et nous ne voulons pas plus lui donner place dans nos champs que dans nos jardins.

CONSERVATION DES RACINES.

Nous avons commencé par conserver nos racines et pommes de terre dans des caves; mais, comme nous avons donné un plus grand développement à cette culture, nos celliers devenant trop petits, maintenant nos betteraves, carottes, rutabagas, etc., sont conservés dans des silos entièrement extérieurs. Cette dernière méthode nous paraît la meilleure et la moins coûteuse. Les dimensions des silos sont de la plus haute importance pour la conservation des racines, parce que si les silos sont trop volumineux, les racines s'y échauffent et leur substance y subit une espèce de décomposition. Quelle que soit la destination des racines, elles sont moins bonnes quand elles sont ainsi altérées; pour l'alimentation du bétail, par exemple, elles contiennent bien moins de suc nutritif. Pour obvier à cet inconvénient, voici la dimension qu'il convient de donner aux silos :

1 mètre de largeur à la base ;

5 mètres de longueur ;

0,75 centimètres de hauteur.

On peut ainsi, jusque fin mai, avoir des racines parfaitement conservées.

Pour la conservation des carottes, il faut quelques précautions de plus. Ainsi, nous avons remarqué que celles qui se gâtaient les premières, qui faisaient ensuite gâter les autres, étaient ordinairement celles qui avaient été cassées en les arrachant. Nous avons donc maintenant le soin de séparer ces dernières, et, d'après cette précaution, les carottes saines, mises en tas séparés, se conservent beaucoup mieux et beaucoup plus longtemps qu'auparavant.

Lorsque les racines sont trop sèches au moment de la récolte, on jette de temps en temps dans les tas quelques pelletées de terre ou de sable qu'on fait alterner avec les racines. L'épaisseur de la terre qui sert à recouvrir les silos varie de 20 à 60 centimètres, suivant l'époque plus ou moins avancée de l'hiver où les racines doivent être consommées.

Semailles en ligne.

Une des questions agricoles à laquelle nous attachons beaucoup d'importance et qui nous préoccupe depuis plusieurs années est celle-ci :

Les semailles en ligne sont-elles préférables aux semailles à la volée ?

Cette question est complexe et nous paraît devoir se subdiviser ainsi :

1º La semaille en ligne exige-t-elle nécessairement des binages ?

2º Convient-elle également à toutes les plantes?

3º Augmente-t-elle la quantité des produits ?

4º A-t-elle une influence sur la qualité de ces produits?

1º Les binages, à notre avis, sont indispensables pour le succès des semis en lignes. Les mauvaises herbes, trouvant des espaces libres entre elles, s'y développent, et si on n'a le soin de les détruire, elles occasionnent un dommage qui est toujours considérable. Le binage est si important pour les cultures en ligne que le succès de ces cultures dépend presque toujours de l'opportunité de cette opération.

Ainsi, à Saint-Robert, dans nos alluvions, nous avons toujours échoué quand nous avons biné par des temps humides.

En somme, les semailles en lignes nous ont toujours paru très-avantageuses pour toutes les racines : le colza, les maïs, les haricots, etc. La supériorité de la culture en lignes pour ces sortes de récoltes nous paraît incontestable, surtout si l'on fait usage des houes perfectionnées qui peuvent biner plusieurs lignes à la fois. Pour les céréales semées en lignes, le rendement du grain nous a paru augmenté et la paille diminuée.

En résumé, dans nos pays, l'éventualité d'une foule de circonstances, telles que l'économie sur la quantité des semences, le prix de cette semence, celui du sarclage, la nature du sol, l'influence hygrométrique de l'atmosphère, etc., nous empêchent d'asseoir définitivement notre opinion sur les avantages de la semaille linéaire appliquée aux céréales en général.

DEUXIÈME PARTIE.

CHAPITRE II.

Machines.

Jusqu'à la fin du siècle dernier, la mécanique agricole fut entièrement négligée en France. Depuis quelques années seulement une révolution complète semble vouloir s'opérer dans cette partie si importante de l'agriculture. Malheureusement un trop petit nombre de cultivateurs ont pris part à cette impulsion et sont restés, comme le remarque M. de Gasparin, religieusement attachés au principe de Caton : *Ne change pas ton soc*. Il faut avouer aussi que la voie dans laquelle ont voulu entrer quelques novateurs n'était pas fort attrayante pour les praticiens, lorsqu'on est venu leur montrer des instruments aussi coûteux et compliqués qu'ils étaient difficiles à conduire et à réparer.

Bien que nous ayons, par respect pour les traditions locales, conservé une charrue gauloise dont se servent en général tous les cultivateurs de nos contrées, nous nous sommes néanmoins associé de tout notre pouvoir au perfectionnement des machines agricoles ; aussi avons-nous à la ferme-école toutes les charrues qui ont été primées à Grenoble par la Société d'agriculture, telles que la charrue Quaz, la charrue Rojon, l'araire Navizet, et la charrue à dégazonner pour l'écobuage. Comme la plupart de ces charrues sont loin de réaliser toutes nos espérances, nous avons fait venir la charrue Scheverths et la charrue Grignon n° **2**, une fouilleuse anglaise, la houe à cheval de Grignon ; nous avons aussi à la ferme-école l'extirpateur, le rayonneur, la herse quadrangulaire, les herses anciennes de nos contrées, le rouleau, ainsi qu'un petit araire dont on ne se sert que pour le binage des mûriers.

Nous avons reconnu à la charrue Grignon et à la charrue allemande à versoir immobile, sans avant-train, un immense avantage sur toutes les autres charrues, sous tous les rapports ; labour profond avec peu de tirage, versant parfaitement la terre, d'une construction simple, solide, facile à diriger.

Aussi, sommes-nous bien décidé pour l'avenir

de nous abstenir de tout ce qui sera luxe et super-
flu. Nous voulons pour la culture de bons instruments; mais nous les voulons simples et peu coûteux. Nous ne pouvons admettre tous ces méca-
nismes compliqués et élégants, mais inutiles et
incommodes, tels que les vis soigneusement tarau-
dées, qui tournent avec aisance sous le toit d'un
atelier et qu'un grain de poussière arrête sur le
terrain, ces ressorts dont la précision étonne l'a-
mateur et dont le praticien condamne la fragilité;
enfin tous ces prodiges de la mécanique industrielle
qui, dans la main de l'agriculteur, deviennent de
véritables hochets.

En nous exprimant ainsi, nous n'entendons assurément faire aucune critique de la mécanique
agricole, nous n'avons d'autre intention que de
conseiller aux cultivateurs de faire usage des instruments les plus simples et les moins variés.

FOUILLEUR ANGLAIS.

Le fouilleur anglais, que nous avons fait venir
de Paris, est monté sur quatre roulettes ayant
deux socs de rechange, l'un pour les terrains pier-
reux et l'autre pour les terrains profonds, qui re-
muent parfaitement la terre dans toute la largeur
des sillons. Deux mancherons, un régulateur pour
commander la direction de l'instrument et la profondeur du labour et une chaîne d'attelage le rendent très-facile à conduire.

Le fouilleur doit toujours suivre une charrue à

versoir et marcher dans le sillon tracé par celle-ci ; il peut pénétrer ainsi dans le sol jusqu'à une profondeur de 30 à 40 centimètres. Au moyen de cet instrument, l'on augmente d'une manière sensible le rendement des racines.

ROULEAU.

Nous nous sommes servi jusqu'à présent du rouleau ordinaire du pays. Son diamètre est de 30 à 40 centimètres et sa longueur de 2 mètres au moins. Nous trouvons le diamètre trop petit et la longueur trop grande. Ce rouleau est mauvais par ces deux raisons, et si nous l'avons conservé jusqu'à présent, c'est uniquement parce qu'il existe et que nous voulons l'user avant d'en faire construire un nouveau.

Le premier rouleau que nous ferons faire aura au moins 1 mètre de diamètre et au plus 1 mètre 20 centimètres de longueur. Son travail, nous en sommes sûrs, sera plus régulier et exigera moins de force de traction. Nous ne comprenons pas que cette forme de rouleau soit encore entièrement inusitée dans nos contrées.

Peut-être aussi, pour éviter dans les tournants l'effet désagréable des rouleaux qui glissent au lieu de tourner, faudrait-il les composer d'anneaux indépendants qui tourneraient les uns sur les autres ; cela vaudrait mieux, nous le croyons, que de les faire d'un seul cylindre qui est obligé de se mouvoir tout d'une seule pièce.

HOUE A CHEVAL.

Celle que nous avons à la ferme-école est celle de l'école régionale de Grignon. L'honorable M. Bella, ancien colonel de l'empire, qui dirige avec tant d'habileté et de distinction cet établissement, a bien voulu nous la faire confectionner dans ses ateliers avec une charrue; elle fonctionne avec facilité dans toutes les cultures en lignes et abrège considérablement le travail.

MACHINE A BATTRE.

Parmi les instruments agricoles, la machine à battre est peut-être un de ceux qui ont trouvé le plus de sympathie parmi nos cultivateurs, quoique cependant nos machines laissent encore à désirer. Peut-être doit-on voir dans cette appréciation la sagacité et le discernement des cultivateurs, qu'on accuse quelquefois bien à tort d'indifférence et qui le plus souvent rejettent avec un bon sens admirable les améliorations équivoques et incertaines pour adopter seulement celles qui présentent des avantages réels et incontestables.

Celle que nous avons à la ferme-école est une de celles qu'a fait confectionner la Société d'agriculture par M. Ding. Les cylindres batteurs et l'engrenage sont en fonte; deux hommes la font marcher facilement; il en faut ensuite deux autres, l'un pour faire passer le blé, et le quatrième pour enlever la paille. Elle a le défaut de briser quelques grains de blé, surtout dans les blés tendres; elle casse également assez d'épis au battage. Dans les mêmes blés, quatre hommes peuvent battre de huit à dix hectolitres au plus, si le blé est bon. Bien qu'elle laisse encore un peu de blé dans la paille, il y a un avantage encore, d'après nos calculs, de 5 p. $_0/^0$ sur le rendement du battage à la verge ou au fléau, et la paille est bien mieux conservée. Nous espérons néanmoins qu'il se fera bientôt quelque chose de mieux.

SÉRICICULTURE.

La culture du mûrier est en voie de grand progrès à la ferme-école de Saint-Robert. Huit mille pieds de mûriers, plein-vent, mi-vent ou nains existent sur les propriétés de l'établissement. Leur forme, leur riche végétation et leur tenue font l'admiration des visiteurs : ce sont nos élèves qui les ont taillés seuls cette année.

VITICULTURE.

Dans le désir d'améliorer nos vins qui, dans les saisons froides et pluvieuses, mûrissent difficilement, nous avons introduit à la ferme-école le pineau de Bourgogne et le gamet du Beaujolais. Ce dernier a été, il y a quatre ans, planté en crossettes sans racines dans nos terres graveleuses, sur une étendue d'un demi-hectare et dirigé en vignes basses ; elles ont parfaitement réussi et nous donnent du vin dont la maturité arrive quinze jours avant des plants ordinaires.

Le pineau de Bourgogne, que nous avons dirigé en lices basses sur un hectare de terrain, mûrit ici en même temps que le gamet. Nous avons mélangé les deux espèces dans la cuve, et nous avons obtenu du vin d'une qualité bien supérieure à celle que nous faisons avec nos anciens ceps. Une espèce de muscardine se développe depuis quelques jours sur le raisin ; c'est une poudre blanche qui envahit la grappe et qui attaque même le bois. Cette maladie paraît faire de rapides progrès sur les vignes en lice ; nos vignes basses n'en sont pas encore atteintes.

TROISIÈME PARTIE.

CHAPITRE III.

Engrais et amendements.

Les engrais étant la matière première en agriculture, nous avons toujours évité avec soin d'en laisser perdre par notre faute la plus petite parcelle, heureux si notre exemple a pu contribuer à être imité quelquefois et s'il fait abolir l'impardonnable, l'inexcusable usage de laisser la pluie délaver les fumiers et entraîner les parties les plus fécondantes qui vont se perdre sur la voie publique et corrompre les réservoirs d'eau au lieu de servir à engraisser les champs et à fertiliser les récoltes. Il est vrai que déjà de nombreuses améliorations ont été faites à ce sujet, et peut-être que le temps n'est pas éloigné où les cultivateurs seront surpris d'apprendre qu'au XIXe siècle, on laissait encore perdre en France une grande partie des engrais.

FUMIERS.

Nous avons trois méthodes pour l'emploi de nos fumiers:

1° Lorsque nous n'en avons pas l'emploi immédiat, nous le déposons en couches dans un entrepôt *ad hoc*, jusqu'à ce que nous en ayons l'emploi, en ayant soin de les faire arroser. Il arrive néanmoins que pendant la fermentation, une quantité plus ou moins grande de gaz s'échappe en pure perte ; quelquefois aussi il tourne au blanc;

2° Pour obvier à cet inconvénient et pour les empêcher de se dessécher dans les couches, nous les faisons arroser avec du purin. Cette opération renouvelée quelquefois produit de très-bons résultats; mais elle n'empêche pas complétement la déperdition du gaz;

3° Enfin, et c'est le mode qui nous paraît le plus avantageux, nous les transportons autant que possible dans les champs, ce qui ne nous donne aucune difficulté, attendu que nous sortons régu-

lièrement tous nos fumiers chaque semaine et deux
fois lors des grandes chaleurs.

PURIN.

Des réservoirs reçoivent les urines de notre bétail. Ces urines sont en grande partie employées
pour la culture du chanvre et pour la culture maraîchère. Quelquefois elles sont employées comme
des lessives pour faire fermenter des composts
pour nos cultures forcées.

COMPOST.

Nous fabriquons pour notre usage un engrais
pulvérulent qui nous donne des résultats satisfaisants, surtout en horticulture.

Voici le procédé que nous employons pour cette
préparation :

Nous disposons en tas, par couches alternées, de
la litière, des feuilles, de la vase des fossés, des ba-
layures de basse-cour, nos détritus de végétaux,
de la chaux et des alluvions de l'Isère. Lorsque le
tas d'engrais est ainsi composé, nous pratiquons,
à la partie supérieure, plusieurs petites parties
tranchées dans lesquelles on verse du purin. Cet
arrosage, renouvelé tous les mois pendant un an,
fait fermenter les matières qui s'y trouvent et en
fait un excellent engrais. Si ceux qui sont à la por-
tée des abattoirs l'arrosaient avec du sang étendu
d'eau, ils obtiendraient des résultats merveilleux.

GUANO (*Engrais*).

Cet engrais virulent, que nous avons expérimenté sur une grande échelle, ne peut convenir que dans les contrées qui avoisinent les ports de mer, parce que ceux qui expédient le guano le fraudent, et ensuite parce que le transport en augmente trop le prix de revient. Nous avons employé le guano du Brésil et celui des îles d'Hicobahé (Afrique); ce dernier est d'une qualité bien supérieure au premier, il est plus facile d'en connaître la fraude. Des expériences comparatives nous ont convaincu que le guano est un engrais de peu de durée.

Nos premières expériences ont été faites sur des prairies neuves, fumées moitié avec du fumier de nos écuries et l'autre moitié avec du guano. La première année, la partie fumée avec du guano a donné le double de fourrage que celle engraissée avec nos fumiers ; la deuxième année, le rendement a été le même, et la troisième année, il ne restait pas trace d'engrais dans la partie fumée au guano.

TOURTEAUX DE COLZA.

Nous nous disons tous les jours : combien sont ignorants les cultivateurs qui vendent leurs tourteaux de colza, qui depuis 3 ou 4 ans se sont livrés de 6 à 8 fr. les 100 kilos, qui sont achetés dans toute notre vallée du Graisivaudan et jusqu'en

Savoie par les Provençaux, pour leur culture de garance qui exige un engrais virulent. Depuis fort longtemps nous l'employons avec avantage dans toute espèce de culture. Les pommes de terre ont une végétation plus riche que celle faite au fumier d'écurie; elles sont aussi abondantes, et cette année, que la maladie fait beaucoup de ravage sur nos pommes de terre, nous en avons beaucoup moins de malades parmi celles qui ont été fumées au colza. Nous devons dire aussi que celles plantées avec ce dernier engrais sont d'une qualité un peu inférieure aux autres, bien qu'elles soient tout aussi farineuses et qu'elles contiennent tout autant de fécule.

Il faut 1400 kilos de tourteau pour ensemencer un hectare de pommes de terre. Bien que cet engrais dure peu et qu'on ne puisse obtenir qu'une récolte après la pomme de terre, il y a évidemment une notable économie. On obtient le même résultat sur toute espèce de culture et notamment pour les cultures linéaires. Il faut l'employer avec réserve, parce que son contact brûle facilement le germe des grains, surtout la betterave; il faut qu'elle soit légèrement recouverte de terre avant de répandre le tourteau dans la raie. Le colza, décomposé dans la grotte, nous fait d'excellent engrais liquide qui a de plus l'avantage de détruire les courtilières partout où nous l'employons. Nos plus belles patates ont été obtenues avec du tourteau de colza; répandu en poudre en février et en mars sur la prairie, avec une très-légère couche de terre ou de sable, nous en obtenons de très-bons résultats. Enfin, nous pouvons dire que le colza nous a rendu de très-grands services ; aussi avons-nous soin de n'en jamais manquer. Cet engrais produit plus d'effet sur la terre sèche et graveleuse que sur les terrains humides. Le colza est aussi très-bon pour engraisser les porcs, mais nous trouvons qu'il donne à la viande un goût désagréable.

FUMIER DES PORCS.

Les vieux préjugés contre la qualité de cet engrais sont mal fondés, nous l'avons employé seul comparativement avec celui de nos écuries, et nous n'avons trouvé aucune différence sur la végétation. Avec celui de nos bêtes à cornes nous l'employons de préférence dans nos terres calcaires ; mélangé avec du fumier de cheval, il fait très-bien.

ENGRAIS CONCENTRÉ.

Pralinage.

Nous avons expérimenté, mais avec réserve, les engrais concentrés qui nous ont été tant prêchés ; tels que ceux de MM. Huguin, Bickès, du Saul, etc. ; ils ont été employés comparativement sur des avoines et des blés, sur plusieurs natures de terres et à diverses époques. Nos semailles ont germé un peu plus vite, les plantes, à leur début, ont paru plus vigoureuses que les autres, mais leurs résultats ont été presque nuls.

Époque la plus favorable à l'emploi des engrais.

Nous nous occupons depuis longtemps à rechercher quel est, avant l'ensemencement, l'époque la plus favorable pour mettre les engrais dans les terres qui doivent recevoir une fumure.

Nous devons avouer que nos expériences ont été en opposition avec les prévisions de la science, et nous nous sommes, au contraire, trouvés parfaitement d'accord avec les usages adoptés dans nos pays. Les engrais éprouvant par la décomposition et par l'évaporation une perte assez considérable de gaz, il semblerait que plus l'époque où l'on dépose les engrais dans la terre est rapprochée de l'époque de l'ensemencement, plus ces engrais devraient avoir de puissance, c'est ce que nient les cultivateurs et l'expérience justifie pleinement leur manière d'agir.

Nous avons remarqué que les fumiers enfouis dans la terre avant l'hiver, pour la betterave et la carotte, produisent beaucoup plus d'effet sur la végétation de ces racines que ceux déposés au printemps immédiatement avant leurs ensemencements.

Ce qui nous a le plus surpris, c'est en voyant ce qui se passe pour les engrais liquides. Nous pensions que ces engrais, répandus pendant l'hiver sur le blé ou sur une terre destinée à recevoir du chanvre en avril ou mai, devaient éprouver par l'effet de l'évaporation des pertes considérables sans que les plantes en profitassent, puisqu'à cette époque la végétation est suspendue ; nous croyions, au contraire, que les engrais liquides répandus au printemps lorsque la végétation du blé commence à prendre son cours ou au moment où l'on sème le chanvre, ces engrais devaient agir avec bien plus d'efficacité ; nos prévisions ne se sont pas réalisées, car les blés que nous avons arrosés pendant l'hiver avec du purin ou des matières fécales ont été au moins aussi beaux que ceux arrosés au printemps. Nous avons eu les mêmes résultats pendant la culture du chanvre.

Il paraît donc que les engrais déposés dans la terre un certain laps de temps avant l'ensemencement y subissent une action qui les prédispose à être assimilés aux plantes avec lesquelles ils doivent, plus tard, se trouver en contact.

QUATRIÈME PARTIE.

CHAPITRE VI.

Bétail.

Le bétail, eu égard à l'utilité qu'on en retire en agriculture, doit être considéré sous plusieurs rapports :

1° La force motrice ;
2° L'élève ;

3° L'engraissement ;

4° Le fumier.

Nos écuries se composent de :

Deux taureaux de la race Durham, de l'âge de 2 et 3 ans, que nous sommes allés acheter dans une vacherie nationale de la Nièvre ;

Un taureau de Fribourg, de 4 ans ;

Un taureau de Schwitz, de 2 ans ;

Un taureau croisé de Fribourg et de pays, de 20 mois ;

Huit vaches de diverses espèces, telles que de Fribourg, Schwitz, de pays et croisées ; nous en avions dix, mais nous venons de vendre deux vaches Fribourgeoises, étant bien décidés à bannir cette race de nos écuries, parce qu'elles dépensent beaucoup plus et sont très-molles pour le travail.

Quatre juments poulinières : une percheronne, une bretonne et deux de pays, et un petit mulet, qui fait le service de la place, tous les jours, pour la vente du lait et du jardinage.

Pour la préparation de nos terres, labours, hersages, etc., nous employons concurremment nos juments et nos plus vieux taureaux, quelquefois nos vaches dans les moments de presse.

Le transport des véhicules et des engrais est presque exclusivement réservé aux juments.

PORCHERIE.

Notre porcherie est toute construite sur le plan de celle de l'école régionale de Grignon, ayant

18 loges avec un corridor dans le milieu pour la
distribution des vivres, sans entrer dans les loges ;
chacune a son parcours extérieur ; un cours d'eau
longe la porcherie ; elle est percée par deux portes
du nord et du midi. Nous n'avons pas eu à signaler
un cas de maladie grave.

L'élevage des cochons sera, nous l'espérons, une
partie importante de nos produits, surtout en utili-
sant les débris considérables de la ferme et en don-
nant de l'extension aux cultures des racines. Si
nous en jugeons par nos produits de cette année,
nous pouvons donc espérer de bons résultats. Jusqu'à présent l'écoulement en a été facile, nous
avons du reste autant d'avantage à les élever qu'à
les vendre petits. Nous avons vendu, il y a peu de
temps à M. Veyron, charcutier de Grenoble, un
porc anglo-chinois du poids de 500 kilogrammes,
qui n'a été engraissé qu'avec des betteraves. Nous
avons, dès cette année, douze mères : six de la race
du Hampshire et six de la race anglo-chinoise.
Toutes nos portées ont bien réussi, même celles
qui sont venues en hiver. Nous n'élevons que ces
deux espèces, parce que leurs produits sont infini-
ment plus avantageux que ceux de la race du pays ;
nous faisons quelques croisements qui nous donnent de très-beaux extraits.

Nous n'élevons plus de moutons ; la première
année nous a donné de la perte, nous avons dû y
renoncer.

Nous n'élevons pas non plus de bêtes à cornes ;
nous espérons que nos quatre juments, qui ont toutes

été saillies, peuvent nous donner quelques extraits.

Privé de pâturage et n'ayant que des prairies artificielles, nous avons dû renoncer à l'élevage de la race bovine, surtout avec l'avantage que nous avons pour l'écoulement facile de notre lait à 15 et 20 cent. le litre.

C'est à notre grand regret que nous ne pouvons suivre dans cette voie si attrayante les habiles agronomes, qui ont prouvé jusqu'où pouvait atteindre la volonté judicieuse et persévérante de l'éleveur; mais nous avons dû faire à la nécessité le sacrifice de nos désirs, attendu que d'après l'arrêté constitutif les fermes-écoles sont des exploitations rurales qui doivent être conduites avec profit.

VACHES LAITIÈRES.

Pour les quelques vaches laitières que nous achetons chaque année, nous avons égard aux caractères qui ont été reconnus les meilleurs, tels que la forme et la souplesse du pis, le développement des veines mammaires, la largeur des sources, etc. Bien que nous ayons trouvé aussi que les signes indiqués par M. Guénon s'accordaient assez bien avec ces caractères généraux, il nous semble, néanmoins, que sa méthode est trop exclusive, et nos expériences ne nous permettent pas de croire que l'ensemble des 192 catégories établies par l'observateur bordelais, avec une patience vraiment admirable, puisse jamais être considéré, ainsi qu'il semble le prétendre, comme un instrument

gradué, propre à indiquer d'une manière rigou-
reuse et mathématique le nombre exact de litres
de lait que renferme le pis d'une vache. Pendant
six mois au moins, nos bêtes à cornes sont nourries
avec du fourrage vert; le seigle, le trèfle, la luzerne, le maïs et la poisette, sont ceux auxquels
nous donnons la préférence.

Nos étables sont établies sur deux rangs et sur
une largeur de 8 mètres; elles sont bétonnées avec
du ciment ayant deux rigoles en pierre pour conduire les purins à l'extérieur dans des réservoirs;
elles sont éclairées par deux rangs de croisées au
nord et au midi, celles du midi ont des persiennes
pour garantir du soleil. Nous préférons cette disposition à celles où deux rangs d'animaux se trouvent placés tête-à-tête, parce que les animaux
ainsi placés en regard s'envoient réciproquement
l'air qu'ils expirent, ce qui leur fait gâter beaucoup
de fourrage.

CRÉATION D'UNE EXPLOITATION HORTICOLE.

La création d'une exploitation horticole était
commandée par le décret même d'institution des
fermes-écoles, qui attache à ces établissements un
jardinier-pépiniériste et qui ordonne de former
quelques élèves spécialement à l'état de jardinier.
Cette prescription était surtout utile dans notre
pays, où l'on se plaint avec raison de manquer d'ouvriers intelligents dans ce genre, et d'autre part, la
position économique de Saint-Robert, qui se

trouve placé aux portes d'une ville de trente mille âmes, jointe à la fertilité de ses alluvions, ordonnait la spéculation du jardinage; aussi avons-nous déjà consacré quelques hectares à ce genre de production. Une serre a été construite, où nous cultivons un certain nombre de plantes les plus remarquables, telles que l'ananas, les melons de primeur, du raisin, quelques vases, etc.

ARBRES FRUITIERS; PÉPINIÈRES.

Nos pépinières sont à leur création; néanmoins, plus de trente mille sujets de toutes espèces ont été plantés, la plus grande partie sera prête à recevoir les greffes cette année et l'année prochaine. Déjà nous avons quelques mille sujets en arbres fruitiers prêts à être livrés à la vente et d'une venue remarquable; ils ont été greffés des espèces les plus estimées. D'après les études que nous avons faites sur notre nombreuse collection, qui compte plus de 600 espèces, nous avons cette année bon nombre de nouveaux fruits qui ne nous sont connus autrement que par leurs noms, la plupart *payent de mine*. Malgré le nombre considérable d'espèces que nous avons, chaque année nous en faisons venir de nouvelles. Ce printemps nous en avons reçu à grands frais, de la Belgique, 200 nouvelles variétés, qui nous complètent une école fruitière très-remarquable. Nous devons ici signaler l'avantage des nouvelles espèces dans nos nombreuses plantations; nous avons eu soin de conserver quelques places pour nos anciennes et bonnes variétés, telles que les Saint-Germain, le beurré gris et blanc, les Tanné, etc. Ces arbres poussent aussi vigoureusement que les autres, mais à côté de ces beaux fruits nouveaux ayant de belles formes, de beaux coloris et ne montrant pas une tâche, l'on distingue toutes les variétés anciennes par leurs fruits rabougris et rouillés, aussi sommes-nous d'avis qu'il faut renouveler toutes ces anciennes espèces, parce qu'elles sont à leur dégénérescence.

N'est-ce pas ici le cas de rendre hommage à ces infatigables semeurs, tels que MM. Van-Mons, Léon Leclair et le major Espérain et autres qui, par leur persévérance, nous ont dotés d'une quantité de fruits si beaux et si bons, source inépuisable de bien-être pour toutes les classes? En effet, la conquête d'une bonne espèce dédommage le semeur de ses nombreux mécomptes parce que ce qui est bon profite à tout le monde.

MALADIE DES ARBRES.

Nous avons remarqué que le lait de chaux, étendu sur les troncs et les branches de toute espèce d'arbres, détruisait par son alcali tous les lichens ainsi que les insectes qui se logent dans la cicatrice de la taille et qui les épuisent. C'est le moyen de se débarrasser de tous ces parasites.

RAISIN DE TABLE.

Nous en possédons 40 espèces, mais là aussi nous avons éprouvé des mécomptes. Cinq ou six variétés méritent de trouver place dans nos jardins, ce sont : le diamant, le chasselas musqué, le chasselas bleu royal de Windsor, le frankintal très-propice à forcer et le kinsermer, raisin blanc, très-hâtif; nous en avons bien encore quelques bonnes espèces que nous ne pouvons préconiser, parce qu'elles mûrissent difficilement dans nos climats.

BATIMENTS.

Nos bâtiments sont d'une apparence simple, mais d'une structure solide et assez régulière, la plus grande partie ayant été construite *ad hoc*. Ils occupent en tout une superficie de mille quatre-vingt mètres carrés, qui entourent une vaste cour où flue une fontaine abondante. Le rez-de-chaussée de la maison se compose d'un vaste réfectoire, servant en même temps de salle d'étude, et de dix autres pièces pour tous les besoins de la maison et le logement des employés.

Le rez-de-chaussée des autres bâtiments ruraux se compose d'une cave, d'un cellier, de trois écuries, d'une étable, d'un poulaillier, d'une vaste porcherie, d'une buanderie, d'un four, d'une vaste remise et d'un magasin d'outils. Au premier étage, au-dessus du réfectoire, se trouve le dortoir pour les élèves, le deuxième étage, inoccupé pour le moment, est destiné à servir de dortoir aux nouveaux élèves rentrants. Le reste du premier étage se compose du grenier et de huit pièces pour le logement du directeur et des employés; il reste au deuxième étage sept pièces pour le logement du jardinier et des autres domestiques et pour une infirmerie dont, grâces à Dieu, le besoin ne s'est pas fait sentir jusqu'à ce jour.

Au premier étage des bâtiments d'exploitation se trouvent les fenils et deux vastes magnaneries propres à faire l'éducation de 1200 grammes de vers-à-soie; tout l'appareil est monté en fer d'après les systèmes les plus nouveaux avec les clés d'Avril; un calorifère pour le chauffage et cheminée d'appel et tarare pour la ventilation.

L'appropriation et la construction de ces bâtiments pour leur destination actuelle a donné lieu à une dépense triple de celle que nous étions tenus de faire d'après le devis estimatif approuvé par le ministre et exigé par notre bail avec le département. Bien que la dépense fût considérable, elle était indispensable pour satisfaire d'une manière convenable aux exigences de l'établissement pour l'avenir.

Des dépenses aussi importantes, improductives, et qui deviendraient à peu près superflues si, par des circonstances indépendantes du directeur, le motif qui les occasionne cessait d'exister, jointes à celles du mobilier ou cheptel qui arrive à la somme énorme de 55,000 fr. affectée exclusivement au service de l'école et qui éprouve une diminution journalière de valeur, deviennent extrêmement onéreuses pour lui.

Le directeur espère donc que l'administration départementale, en faisant un appel à sa justice et à sa bienveillance, lui aidera à supporter des sacrifices personnels faits dans l'intérêt de la partie de la population du pays la plus digne de ses sollicitudes.

RECRUTEMENT DES ÉLÈVES PRÉSENTS.

Malgré les avantages nombreux offerts aux candidats, soit sous le rapport de l'instruction, soit sous le rapport pécuniaire, puisqu'au lieu de payer une pension, ils reçoivent une gratification, le recrutement de l'école ne s'est pas opéré sans difficulté. Un grand nombre de jeunes gens se sont présentés au premier concours (juillet 1849), mais la plupart s'étaient fait les idées les plus fausses sur les fermes-écoles; aussi leur désappointement a-t-il été des plus complets et a-t-il amené la désertion d'un grand nombre, de sorte que notre personnel à présent n'est composé que d'un épurement successif opéré parmi les candidats admis en remplacement des déserteurs ou de ceux qui ont été renvoyés pour des fautes graves. Nous devons dire aussi que nous avons, nous-mêmes, engagé à se retirer ceux qui n'avaient pas l'aptitude convenable. Sur 55 apprentis, nombre maximum déterminé par le décret, 20 sont présents à l'établissement.

Nombre des élèves présents.

Nous ne cacherons pas toutes les difficultés que nous avons rencontrées pour façonner nos élèves aux idées d'ordre, de discipline et de travail indispensables à la réussite de l'établissement.

Religion.

La religion étant la base de toute bonne éducation, il importe pour la réussite de la ferme-école de donner aux élèves des soins particuliers sous ce rapport, d'autant plus que la plupart nous arrivent dans un état d'ignorance morale et religieuse vraiment déplorable. Le ministre de l'agriculture, accordant un aumônier, il serait de la plus grande urgence que le département accordât quelques secours pour la construction d'une petite chapelle.

NOURRITURE.

Les élèves font quatre repas par jour: ils ont un litre de vin par tête; ils reçoivent en outre un demi-litre de supplément pour le fauchage et pour le dépiquage du grain; en hiver, ils boivent de l'abondance. Ils ont au déjeûner, avec la soupe, du fromage de Saint-Marcellin ou de Gruyère; au dîner, deux plats; à goûter du pain seulement, et le soir, la soupe et un plat. Ils mangent du pain de froment où l'on a levé 12 p. $^0/_0$ du gros et du petit son; ils ont deux et trois fois la semaine de la viande de bœuf et de porc. Le décret dit que les élèves doivent être nourris conformément à la classe rurale de la contrée; mais si l'on examine ce qui se passe dans le ménage des habitants de nos villages, dans toutes les communes qui nous environnent, l'on trouve une énorme différence entre leur nourriture et celle de nos élèves.

Il est cependant vrai de dire que la vie sobre et laborieuse de nos bons paysans est pour eux une source de bonheur et de santé, et qu'un grand nombre d'entre eux, à qui leur aisance permettrait d'avoir une alimentation plus recherchée, ne voudraient pas abandonner un régime dont ils savent apprécier les avantages.

VÊTEMENTS.

Les jours de travail nos élèves portent à volonté tous leurs mauvais vêtements, et pour le dimanche, conformément au décret, ils prennent la blouse verte avec palmettes au collet, une ceinture en cuir à plaque jaune et un chapeau de feutre gris.

Le décret dit que les élèves seront pris parmi les classes les plus nécessiteuses. Il est fâcheux et vrai de dire que beaucoup de jeunes gens de cette catégorie appartenant à des familles pauvres n'ont osé se présenter aux concours, parce qu'ils n'avaient pas les moyens de se procurer leur trousseau, quoique bien modeste. C'est cependant parmi cette classe qu'on trouve les jeunes gens les plus robustes, les mieux façonnés aux travaux agricoles. Déjà nous en avons plusieurs qui, étant dans cette position, ont été admis; il serait urgent que l'administration départementale fît quelques légers sacrifices pour ceux de cette catégorie.

COUCHER.

Les élèves sont réunis la nuit dans un dortoir vaste et bien aéré, sous la surveillance d'un employé, excepté ceux qui sont à tour de rôle aux services des écuries; ils couchent tous séparément sur des lits en fer, garnis d'une paillasse et d'un matelas, deux couvertures, un traversin et les draps sont changés tous les mois.

PERSONNEL.

D'après l'arrêté constitutif des fermes-écoles, quatre personnes, outre le directeur, doivent être chargées de tous les détails relatifs à l'instruction théorique et pratique des élèves, ce sont :

Un surveillant-comptable,
Un chef de pratique,
Un médecin-vétérinaire,
Un jardinier-pépiniériste.

Sur notre demande à M. le ministre de l'agriculture, il a bien voulu nous accorder un stagiaire, M. Sylvestre, élève diplômé, de premier mérite, de l'école régionale de Grignon, qui fait les cours d'agriculture à nos élèves avec beaucoup de distinction.

Pour quiconque s'est occupé de fondations de la

nature de celle qui fait l'objet de ce compte rendu, une difficulté des plus graves se présente tout d'abord : c'est l'organisation du personnel. Tant de qualités sont nécessaires pour l'accomplissement des devoirs à remplir pour si peu d'avantage matériel en compensation! Il n'y a réellement que le dévouement purement personnel qui puisse inspirer quelques individus isolés, encore pourront-ils répondre à des besoins chaque jour plus étendus?

Nous croyons qu'il faudrait chercher ailleurs un élément plus fécond et dont les effets durables survivent aux individus. Le sentiment intérieur d'une récompense divine peut seul doubler leurs forces pour qu'ils puissent faire abnégation personnelle en se dévouant à l'œuvre commune.

Il est très-difficile de trouver quatre hommes qui remplissent leurs fonctions d'une manière satisfaisante, surtout à cause des minimes émoluments qui leurs sont accordés par l'État.

M. Moulin, notre agent-comptable, vient d'être appelé par M. le Ministre de l'agriculture à remplir à l'école régionale du Cantal des fonctions mieux rétribuées, nous l'avons remplacé par M. Ducroq, ancien maître d'études du collége de Grenoble; ce fonctionnaire est depuis trop peu de temps à l'établissement, pour qu'il nous ait été possible de l'apprécier.

Notre chef de pratique, M. Achard, réunit toutes les connaissances nécessaires en agriculture pratique.

Nous avons pour médecin-vétérinaire, M. Rey, ancien élève de l'école de Lyon, que son instruction et son expérience rendent extrêmement recommandable. Il joint à un zèle à toute épreuve une patience admirable pour expliquer et faire comprendre à nos élèves ce qu'il leur enseigne.

Le jardinier-pépiniériste a été pour nous l'employé le plus difficile à rencontrer, surtout pour le trouver tout à la fois capable d'exécuter et de diriger les travaux de jardinage avec la taille raisonnée des arbres fruitiers sous toutes les formes. Nous en avons fait venir deux de Paris dans ce but, qui nous ont été envoyés comme des hommes capables, habiles, et que nous payions bien cher. L'un connaissait la taille des arbres et était incapable de diriger la culture maraîchère ; l'autre était un floriculteur habile et n'ayant pas les connaissances qui nous étaient les plus indispensables pour produire du légume et pour nos tailles d'arbres.

Comme nous réservons la place à un de nos élèves de troisième année, homme très-laborieux et très-bon maraîcher, ayant une conduite exemplaire, nous nous en sommes tenus jusque-là à un jardinier du pays, un bon praticien, que nous dirigeons. Il n'a pas, il est vrai, l'habitude de parler pour expliquer d'une manière claire la raison de chaque chose, l'utilité et l'avantage de chaque opération ; nous nous chargeons nous-mêmes de suppléer à ce qui lui manque et de donner à nos élèves toutes les explications nécessaires pour l'intelligence des opérations qu'ils exécutent. Nous avons en outre un pépiniériste habile, qui ne s'occupe spécialement que de cette partie de notre exploitation, qui donnera aux élèves toutes les leçons nécessaires pour la création et l'éducation des pépinières que nous avons créées sur une vaste échelle.

TRAVAIL.

L'enseignement dans les fermes-écoles devant être essentiellement pratique, le travail manuel est la base de l'occupation de nos élèves; nous avons pu nous convaincre qu'il est aussi la source de leur bonheur, le fondement de leur moralité et la cause des jouissances qu'ils éprouvent dans leur travail intellectuel.

Nos élèves, excepté deux ou trois manœuvres, sont, conformément au décret, les seuls exploitants de la ferme et exécutent exclusivement tous les travaux les plus difficiles de l'exploitation, et en hiver ils s'occupent du battage des céréales à la machine, au fléau et même à la verge, du teillage de chanvre et de la fabrication de filets et claies d'Avril pour vers à soie.

TRAVAIL INTELLECTUEL.

Il ne suffit pas que les élèves des fermes-écoles sachent exécuter toutes les opérations qui concernent la culture, il faut encore qu'ils les comprennent; il faut qu'ils puissent en apprécier les avantages et les inconvénients.

Quoique l'instruction soit essentiellement pratique, il nous a semblé que la science agricole devait, dans de certaines limites, être enseignée aux élèves. Cette tâche, il faut l'avouer, était au premier coup-d'œil difficile à remplir. Néanmoins, en nous mettant à l'œuvre, nous avons aplani beaucoup d'obstacles et nous avons appris, en raisonnant avec les élèves, qu'il n'est pas d'intelligence si peu exercée qu'elle soit, qui ne puisse bientôt s'ouvrir à la lumière et à la connaissance de la vérité.

Peut-être la marche que nous avons suivie a-t-elle en grande partie contribué au succès que nous avons obtenu; nous avons pris, en effet, pour règle générale, de ne parler à nos élèves que des choses qu'ils avaient vues, des instruments qu'ils avaient maniés et des opérations qu'ils avaient eux-mêmes exécutées : c'est par ce moyen qu'ils ont pu avoir sur chaque chose des idées justes.

Nos élèves connaissent en partie les plantes qu'un cultivateur ne peut ignorer, et plus tard ils apprendront à en connaître d'autres; ils ont aussi pu distinguer les différents organes dont se composent les plantes et apprécier l'usage de ces organes.

Nos élèves ignorent la mécanique, mais ils comprennent le mécanisme d'une machine à battre, l'utilité des parties dont elle se compose et le moyen de s'en servir; on leur apprend à appeler par leur véritable nom les choses qui leur tombent continuellement sous la main; par exemple, les balles des céréales, les siliques des crucifères, l'âge ou les mancherons d'une charrue, etc.

Ils ont deux heures d'étude par jour pendant le

semestre d'été, et quatre heures pendant le semestre d'hiver. Au moment des forts travaux de l'exploitation, elles sont réduites et même supprimées au besoin; mais jamais la rédaction des notes, sur les occupations journalières, n'est interrompue.

D'après l'avis de M. Rendu, inspecteur général de l'agriculture, qui a bien voulu nous le donner à sa dernière inspection à Saint-Robert, le programme des études est arrêté ainsi qu'il suit :

Lundi :   Arithmétique, théorie-pratique et comptabilité rurale;

Mardi :   Agriculture;

Mercredi : Grammaire raisonnée;

Jeudi :   Agriculture;

Vendredi : École vétérinaire développée et appliquée sur les animaux présents;

Samedi :   Conférence, horticulture et récapitulation hebdomadaire.

DIRECTION; DISCIPLINE.

La direction des jeunes gens nous a semblé la partie la plus difficile de notre tâche; rien de plus aisé sans doute que d'avoir un règlement et de le faire suivre avec exactitude; mais cela ne suffit pas. Il faut encore étudier leur caractère, leur intelligence et leur plus ou moins d'aptitude pour chaque chose.

Assurément, si on négligeait cette étude de leurs dispositions naturelles on compromettrait l'avenir d'un grand nombre d'entre eux et nous nous reprocherions de n'avoir pas favorisé autant qu'il était en nous le développement des qualités que Dieu leur a départies.

Jamais nous ne transigeons avec le caprice et l'insubordination; jamais, non plus, nous ne faisons d'accommodement avec la paresse, lorsque nous en rencontrons le germe dans quelques caractères indolents. C'est là une mauvaise herbe qui pousse et renaît sans cesse, et qui, si on la laissait croître, finirait bientôt par étouffer les meilleures dispositions.

Jusqu'ici aucun défaut grave n'a été observé parmi nos élèves présents. Nous avons trouvé seulement chez quelques-uns l'absence de cette activité qui est indispensable à des cultivateurs, et chez quelques autres, des habitudes d'indépendance qui, dans le commencement surtout, leur ont fait paraître rigoureux le régime d'une discipline régulière.

Des conseils, des avertissements, ont suffi jusqu'à présent pour corriger ces défauts.

L'émulation a été un moyen puissant de stimuler et d'amender les élèves.

Chaque jour des notes sont tenues sur le travail, l'étude et la conduite, et à la fin du mois ces notes servent à déterminer le nombre de bons points qu'a mérité chaque élève; ces bons points sont inscrits sur un tableau.

Les dimanches, jusqu'au déjeûner, les élèves s'occupent de sortir les fumiers des écuries, ainsi que des mesures d'ordre et de propreté; ils sont ensuite accompagnés à la messe par un employé, et le reste de la journée est consacré au repos, excepté les soins à donner aux animaux, par ceux qui sont de service à l'intérieur.

En somme, tout en nous préoccupant de l'idée de rendre notre exploitation productive, nous ne perdons pas de vue que la ferme-école de Saint-Robert a pour mission de former les jeunes générations des campagnes, qui doivent contribuer si puissamment à hâter les progrès agricoles et remédier à ce funeste entraînement des habitants de nos campagnes vers les centres industriels. Heureux pour notre part d'avoir été appelés à travailler à une tâche difficile, il est vrai, mais très-utile au pays. Nous serons heureux surtout si la jeune population qui nous est confiée correspond aux vues du département par son intelligence, par son amour pour le travail, par sa docilité, par la vertu que le propriétaire recherche auprès de l'agent qui le seconde.

En résumé, malgré les difficultés nombreuses qui entourent les établissements naissants, les résultats que nous avons obtenus jusqu'à présent dans la direction de notre ferme-école ont répondu à notre attente et nous permettent de bien augurer de l'avenir de cet établissement.

Les élèves sont contents de leur position, le meilleur esprit règne parmi eux; leur gaîté franche témoigne assez de ces bonnes et heureuses dispositions.

Ils ont un grand zèle pour tout ce qui concerne leur instruction.

Ils ont d'abord montré un peu plus d'indifférence pour les travaux agricoles; mais depuis quelques temps ils ont un peu plus d'ardeur et ils paraissent bien comprendre maintenant que ces travaux doivent servir de base à leurs connaissances et assurer le bonheur de leur avenir.

Leur santé n'a rien laissé à désirer; à part quelques légères indispositions passagères, nous n'avons à consigner aucun cas de maladie.

CONCOURS, EXAMENS, PRIMES.

En vertu de l'art. **20** de l'arrêté constitutif des fermes-écoles, un examen a eu lieu à Saint-Robert le 17 février dernier. Un jury, composé de MM. le général Rey, Auguste Laforte, Charvet, Verlot, jardinier de la ville, est venu à Saint-Robert faire subir cet examen à nos élèves. Il a d'abord procédé à l'examen d'admission pour les onze élèves entrants; il a ensuite assisté aux travaux de nos anciens élèves; il les a interrogés sur toutes les matières de leur enseignement. Les membres de ce jury ont été satisfaits de ce qu'ils ont vu et ont décidé que tous les élèves avaient mérité la promotion à l'année supérieure, et ils les ont classés par ordre de mérite.

Ainsi, malgré les difficultés nombreuses qui entourent les établissements naissants, nous pensons avoir rempli notre tâche et nous avons trouvé

des gages bien encourageants dans la sollicitude
bienveillante du premier magistrat de notre département et des agriculteurs éclairés qu'il renferme,
qui ont bien voulu nous visiter, et aussi dans le
témoignage de l'inspecteur général, M. Rendu, qui,
dans le cours de son inspection, a bien voulu nous
consacrer quatre jours, interroger nos élèves,
prendre part à nos conférences, nous adresser des
conseils et qui, après être entré avec une bienveillance toute particulière dans l'examen des moindres
détails de notre ferme-école et de notre exploitation,
n'a pas voulu nous quitter sans approuver nos
travaux et encourager nos efforts.

DE L'ENSEIGNEMENT AGRICOLE.

On a dit tant de choses pour et contre l'enseignement agricole, pour et contre l'organisation de cet
enseignement, que nous avons un instant regretté
de nous être chargé de la direction d'une ferme-
école.

Si l'on voulait cependant bien poser la question,
il me semble qu'on serait bientôt d'accord.

Que l'agriculture soit une science, c'est en effet
ce que personne ne peut nier; que cette science
soit difficile, c'est encore ce dont tout le monde
convient..... Mais est-ce une raison pour abandonner l'enseignement agricole? Évidemment non.

Des hommes sérieux ont dit, il est vrai, que les
formules certaines de l'agriculture étaient peu nombreuses, et ils ont signalé ce fait comme un obstacle
à l'enseignement de l'agriculture.

Nous ne partageons pas cette opinion.

Peu importe, en effet, le nombre de ces formules certaines. Est-il, par exemple, une science qui repose sur un moins grand nombre d'axiôme que la géométrie, et pourtant est-il une science plus positive.

Or, que la science agricole repose aussi sur des faits incontestables, c'est ce qui n'est pas douteux; car qui osera nier notamment l'influence des engrais, des amendements, des labours? Qui contestera les bienfaits des sarclages, l'utilité de l'appropriation des différents terrains aux différentes plantes, et une foule d'autres principes qui ne sont pas plus douteux que ceux qui servent de fondement à la médecine, à la chimie, à la géologie?

Nous, agriculteurs, nous avons maintenant assez de faits, assez d'expériences et d'observations pour arriver à des généralisations, pour former une science et pour l'enseigner.

Pendant longtemps la chimie n'a été qu'un art prétentieux à la recherche d'une panacée universelle; la médecine qu'un empyrisme absurde; la géologie qu'un amas de ridicules systèmes. Aujourd'hui, toutes ces sciences marchent à grands pas vers la vérité.

L'agriculture est peut-être la seule à qui quelques sceptiques refusent encore le nom de science; mais elle existe malgré eux et malheur à celui qui la méconnaît, malheur surtout aux cultivateurs qui, suivant la marche de leurs devanciers, dédaignent la science à laquelle, sans le savoir, ils doivent ce qu'ils ont, car la science, ce n'est pas un vain système, c'est une réunion d'expériences, une synthèse d'observations; c'est l'héritage de nos pères; c'est la tradition de nos ancêtres; c'est la vérité, la richesse et de plus encore, suivant l'expression du sage, la science, c'est le bonheur :

Heureux, qui des effets, peut connaître les causes.

Mais si l'agriculture est véritablement une science; l'enseignement de cette science est remplie de difficultés, et si les fermes-écoles, qui forment le premier degré de cet enseignement, sont utiles, il ne faut pas croire que leur organisation n'exige pas beaucoup de peine, de dévouement et de déceptions.

C'était l'opinion de feu M. l'inspecteur Royer, qui avait fait une étude approfondie de l'Allemagne au point de vue de l'enseignement de l'agriculture. Ainsi, en parlant de l'instruction agricole, il dit : Il n'entre pas dans notre pensée de contester les bienfaits de cette instruction; mais seulement d'établir la difficulté de les faire pénétrer dans les masses (*Agriculture allemande*, pag. 183). L'enseignement doit être le complément de l'instruction primaire des ouvriers ruraux. Cet enseignement est nécessaire pour développer leur intelligence; lui seul peut, en les délivrant du joug dégradant de la routine, leur faire perdre ces habitudes honteuses dont doit rougir une nation civilisée, et les conduire à des mœurs plus douces et plus dignes d'un grand peuple. Ainsi en Allemagne, il est certain que c'est à cette instruction agricole, répandue dans toutes les classes ouvrières, à qui l'on doit la possibilité d'exécution des mesures prises et même de lois faites dans le but de punir les grossières et abrutissantes habitudes des hommes incultes.

En Wurtemberg, par exemple, comme le fait observer M. Royer (*Agriculture allemande*, pag. 157), il est défendu de jurer dans toute l'étendue du royaume, et rien n'est plus extraordinaire que le contraste que cette seule défense occasionne dans les mœurs et dans la tenue des rouliers, postillons, quand on compare ceux du Wurtemberg, toujours respectueux et doux, avec ceux de France, par exemple, toujours grossiers et brutaux.

M. Royer nous apprend encore qu'il existe à Munich une association maintenant très-nombreuse fondée en mars 1842, et qui a pour but principal d'obtenir la moralisation des classes ouvrières rurales par l'amour des animaux domestiques et la répression des mauvais traitements qu'une brutale ignorance leur inflige trop communément ; il n'est pas douteux qu'une telle institution ne puisse rendre d'éminents services, et nous devons ajouter qu'elle aurait beaucoup plus affaire en France qu'en Bavière, où les classes ouvrières qui soignent les animaux possèdent déjà une douceur de parole et d'action qui forme le contraste le plus humiliant pour nous, avec l'obscénité grossière du langage et la brutalité féroce de la partie correspondante de notre population (*Agriculture allemande*, pag. 228).

Personne ne peut donc méconnaître les avantages de l'enseignement agricole ; mais cela ne suffit pas, il faut encore que tous les hommes qui

veulent le bonheur et la dignité de leur pays, vien-
nent nous aider de leur concours, et qu'au lieu
d'exagérer les obstacles et d'augmenter nos craintes
ils travaillent à aplanir les difficultés et encourager
nos efforts.

RÉSUMÉ

DE NOTRE EXPLOITATION RURALE PENDANT L'ANNÉE 1851.

Pour nous soumettre aux prescriptions de l'article 14 de l'arrêté constitutif, nous avons tenu
notre comptabilité en parties doubles; un livre-
journal a mentionné régulièrement le détail de
toutes nos opérations et des inventaires ont été
enregistrés sur un livre spécial.

Tous nos registres ont été soumis à M. l'inspecteur Rendu, pendant son séjour à Saint-Robert.
Nous avons consigné avec soin et suivi avec exactitude toutes ses observations, afin que notre comptabilité fût en harmonie avec les instructions qui
nous ont été transmises; nous avons donc entre
les mains les renseignements nécessaires pour établir la balance de tous nos comptes pendant l'année
qui est sur le point de s'écouler; nous pourrions
publier aujourd'hui ce bilan. Mais comme une
grande partie de ces valeurs ne peut être qu'ap-
proximative et même fort incertaine, puisque nos
céréales ne sont pas battues;

Nos chanvres non teillés;

Nos raisins non vendangés;

Nos diverses racines encore en terre ;

Nous ne pourrons donc, sans nous exposer à commettre de graves erreurs, donner ces estimations comme des faits certains et des résultats positifs. En présence de telles considérations, il nous semble donc impossible de poser en ce moment des chiffres et la prudence nous fait un devoir d'attendre à notre prochain compte rendu pour publier l'état réel de notre exploitation pendant l'année 1851, parce qu'alors nos produits seront complétement réalisés. Aujourd'hui nous devons donc nous borner à donner des aperçus généraux sur les résultats présumés de chaque espèce de culture.

CÉRÉALES.

La récolte des céréales a été bonne, le rendement en grains ne dépassera pas cependant ceux d'une année ordinaire. Le rendement en paille a été fort abondant ; nos blés ont tous été engrangés. Nous avons éprouvé quelques difficultés pour les rentrer bien secs, à cause des pluies abondantes. Nous avons cultivé quinze variétés de blés : trois espèces seulement, dont les noms suivent, qui nous paraissent fort avantageuses : le blé géant de Saint-Hélène, le blé grec et le blé Dumesnil Saint-Firmin, seront à peu près les seuls que nous cultiverons à la ferme, excepté les blés qui nous sont inconnus et que nous cultiverons comme étude.

Le poids de l'hectolitre ne dépasse pas 78 kilogrammes; la plus grande partie n'atteindra pas même ce chiffre.

Bien que nous ayons peu de blé battu, d'après le poids des gerbes, il est facile de prévoir que le rendement sera tel que nous pouvons le désirer.

L'avoine semée dans des circonstances peu favorables, par des pluies continuelles et dans des terres très-humides a levé péniblement; ensuite la température étant devenue meilleure et plus favorable à la végétation, elle nous a encore donné des résultats satisfaisants.

CHANVRE.

Nos chanvres ont atteint une hauteur peu commune; nous éprouverons néanmoins quelques mécomptes, parce que les vers y ont exercé de grands ravages dans la première quinzaine d'août.

SÉRICICULTURE.

Nous avons eu en cocons une aussi bonne récolte que nous le pouvions espérer, eu égard au déchet que nous avons éprouvé sur les feuilles de mûriers à cause des gelées blanches du printemps.

Nos cocons ont été de toute première qualité; nous les avons fait filer. Le rendement a été aussi bon que nous pouvions l'espérer; nous avons vendu nos soies très-avantageusement.

VINS.

Joint à ce que nos vignes et treillages paraissaient ne nous faire espérer qu'une récolte inférieure à celle d'une année ordinaire, la maladie qui est venue subitement les atteindre et qui paraît se développer rapidement, nous fait craindre avec raison que la récolte en vin soit, cette année, généralement mauvaise dans notre département.

PLANTES DIVERSES.

Le colza a laissé beaucoup à désirer, n'ayant été semé et repiqué que très-tard.

Le trèfle a souffert des dernières gelées et sa végétation a été également retardée par les pluies et la température froide du printemps. Les mêmes causes ont également agi sur la luzerne.

Les betteraves sont très-belles, et nous sommes assurés d'une récolte beaucoup plus abondante que celle d'une année ordinaire.

Les carottes se présentent de la même manière.

La maladie des pommes de terre fait, cette année, de très-grands ravages. Aussi, nos produits seraient-ils presque nuls, si nous n'avions pu en tirer parti pour la nourriture de nos porcs; une pomme de terre malade contenant autant de fécule que celle qui est parfaitement saine.

Nos maïs sont très-beaux, mais ils mûriront tard ayant été trop tardivement mis en terre. Nos patates, qui sont en pleine végétation, nous font espérer une belle récolte.

Nos produits de jardinage sont plus abondants que ceux de l'année dernière et se vendent mieux.

Les produits en fruits de notre riche collection sont abondants cette année et sont enlevés sur nos marchés.

INSTRUMENTS.

La charrue Grignon et la charrue allemande nous rendent de très-grands services. Notre houe à biner nous a également procuré d'incontestables avantages pour le sarclage des betteraves, du colza. du maïs, des pommes de terre, etc.

Nous sommes aussi très-contents de notre fouilleur. de notre extirpateur et de notre rayonneur.

Saint-Robert , le 24 août 1851.

Le Directeur de la Ferme-école,

BERTHOIN.